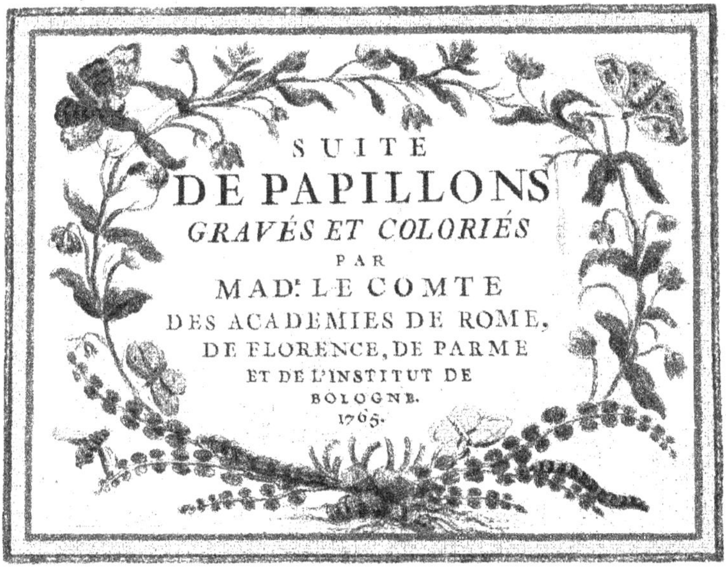
SUITE
DE PAPILLONS
GRAVÉS ET COLORIÉS
PAR
MAD^E. LE COMTE
DES ACADEMIES DE ROME,
DE FLORENCE, DE PARME
ET DE L'INSTITUT DE
BOLOGNE.
1765.

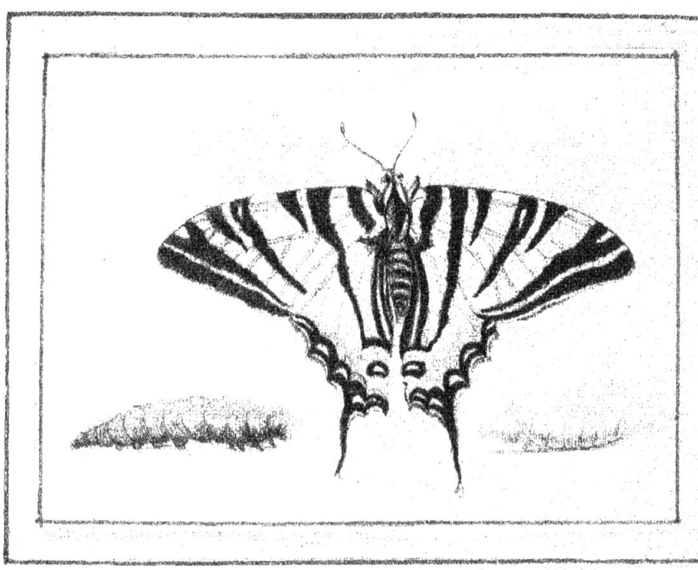

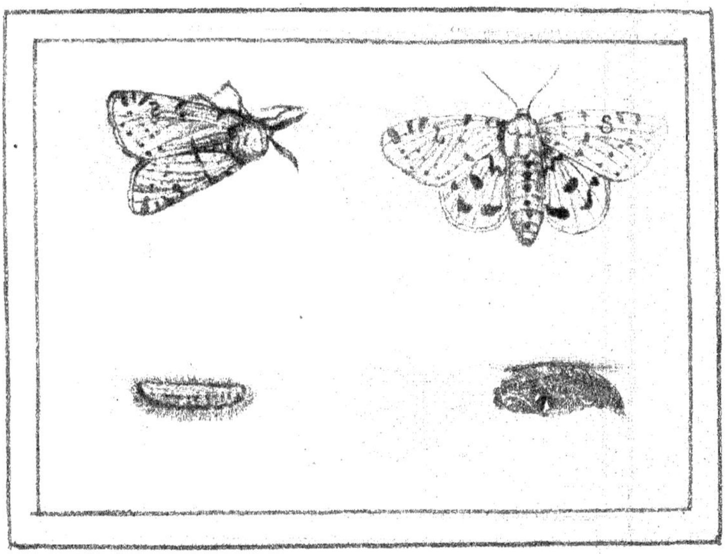

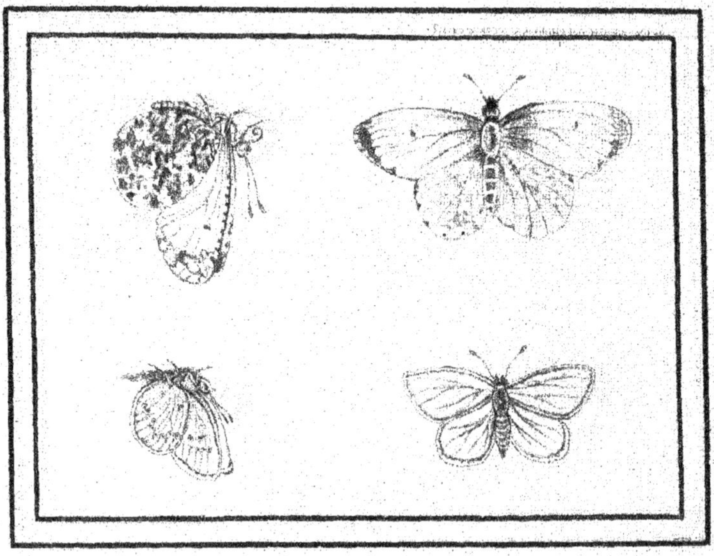

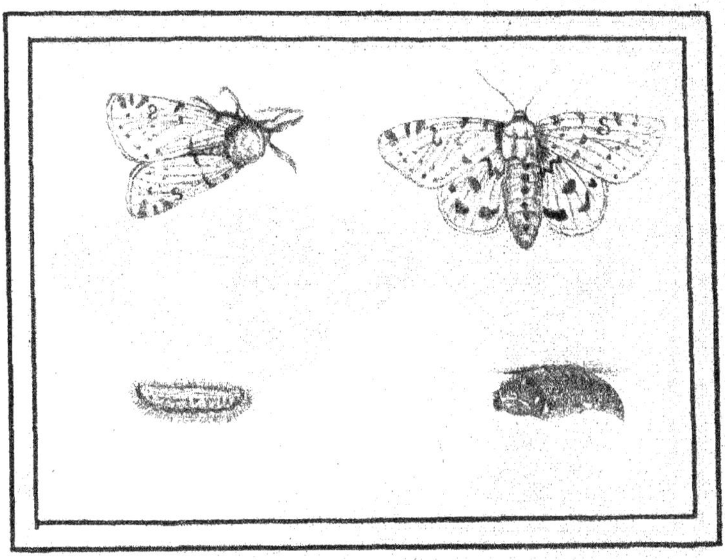

N° 1

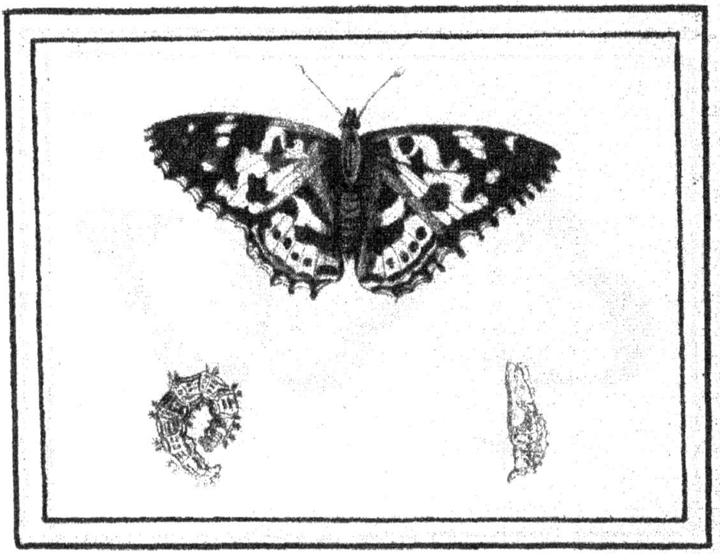

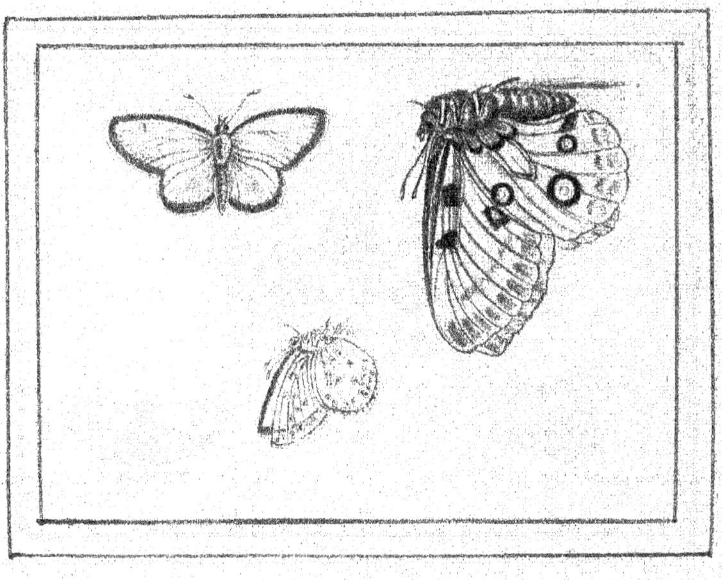

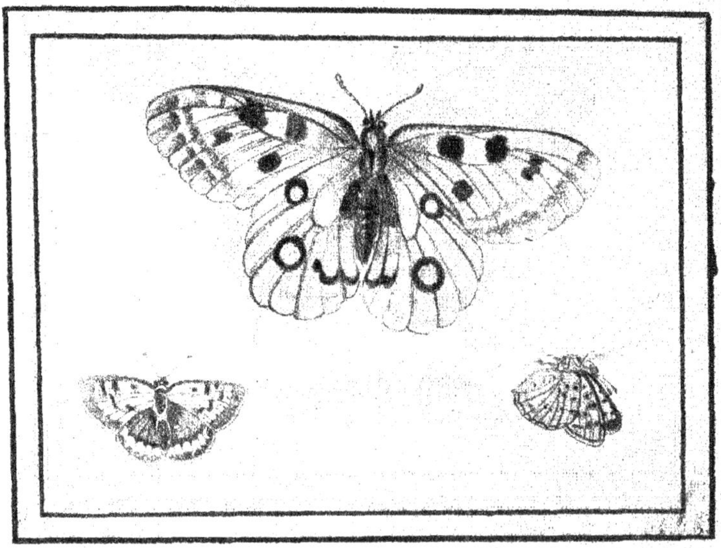

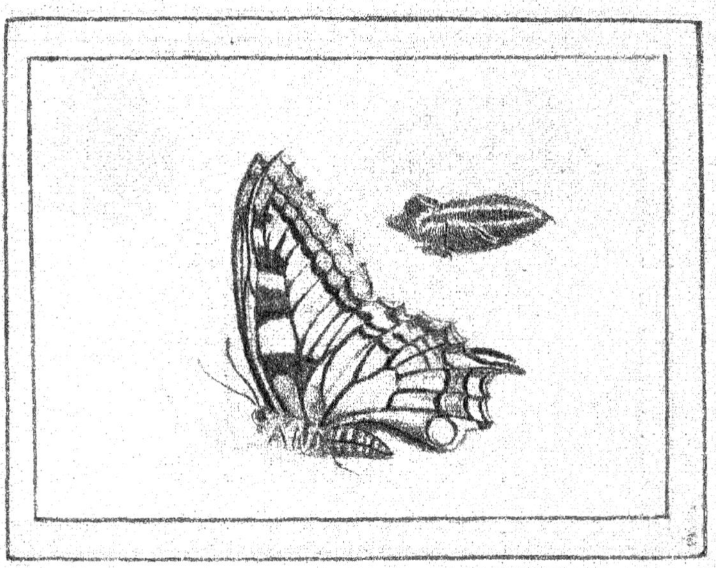

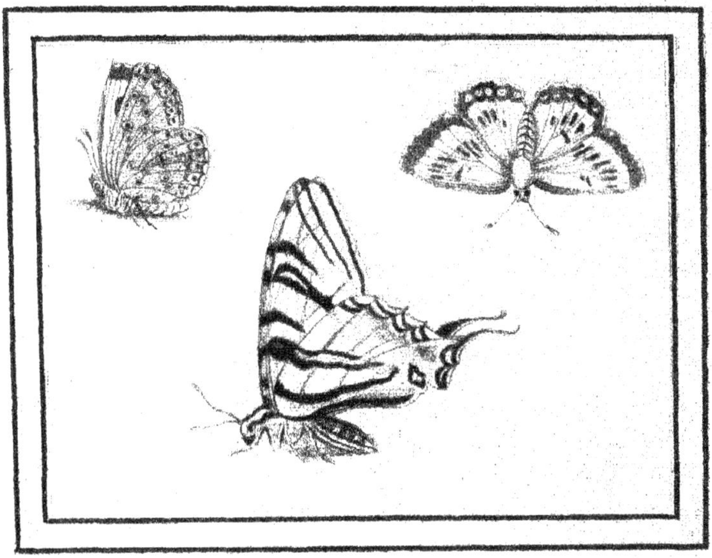